精品城乡建设指引
——以义乌市为例

主编　吴浩军　杨贤俊

中国建筑工业出版社

图书在版编目（CIP）数据

精品城乡建设指引：以义乌市为例／吴浩军，杨贤俊主编.
—北京：中国建筑工业出版社，2019.6
ISBN 978-7-112-23651-0

Ⅰ.① 精… Ⅱ.① 吴… ② 杨… Ⅲ.① 城乡建设－概况－义乌
Ⅳ.① TU984.255.4

中国版本图书馆CIP数据核字（2019）第077681号

责任编辑：朱晓瑜
版式设计：锋尚设计
责任校对：王　烨

　　本书结合了国内外一些规范化、人性化的先进做法，针对义乌市道路设施、基础设施、民房、庭院、空间环境五个方面的精品建设，提出了一系列指导性的建设方向和具体实施意见，是对义乌多年以来城乡精品建设的一次总结，具有较高的实际参考价值。

　　本书适合城乡建设、城乡管理工作者以及城乡规划设计人员阅读和参考。

精品城乡建设指引——以义乌市为例
主编　吴浩军　杨贤俊

*

中国建筑工业出版社出版、发行（北京海淀三里河路9号）

各地新华书店、建筑书店经销

北京锋尚制版有限公司制版

天津图文方嘉印刷有限公司印刷

*

开本：787×1092毫米　横1/16　印张：8½　字数：131千字
2019年8月第一版　　2019年8月第一次印刷
定价：85.00元
ISBN 978-7-112-23651-0
（33954）

本书编委会

自序

改革开放 40 年，义乌从传统的农业小县发展成为全球最大的小商品集散地，建成区面积由 2.8km² 迅速扩大到 104km²，创造了义乌商贸奇迹。但城市人口和土地规模的超快速扩展，导致义乌"低质城市化"现象非常突出：四层半农村社区遍布全城，城市基础设施建设标准滞后，城乡建设品质不高、城市景观风貌乏味等。

随着社会经济的快速发展，城乡建设水平不断提高，城乡的景观环境品质日益受到重视，全社会对城乡规划建设的关注达到新的历史新高。为此，自 2016 年开始，义乌顺势而为，成功申报国家第一批城市设计试点城市，扎实推进精品城市和美丽乡村建设，极大地改善了义乌城乡建设风貌，获得了各界的高度好评。

在义乌市规划局的指导下，义乌市城市规划设计研究院承担了本次城市设计试点工作中大量的规划设计技术支撑工作，在社区提升、精品街道改造、美丽乡村建设、小城镇环境综合整治等方面积累了大量的优秀经验。

本书虽名为"精品城乡建设指引"，但实则图文并茂地收集了不少义乌市实践过程中的成功和失败案例。我有理由相信和期待，本书对各地的城乡建设工作具有积极的示范和指导作用，而不仅是我院的经验之谈。

义乌市城市规划设计研究院院长　吴浩军

编制依据

《城市道路工程设计规范》（CJJ37—2012）

《无障碍设计规范》（GB 50763—2012）

《城市道路交通规划设计规范》（GB 50220—95）

《城市道路路线设计规范》（CJJ193—2012）

《城市人行天桥与人行地道技术规范》（CJJ 69—95）

《城市桥梁设计规范》（CJJ 11—2011）

《城镇道路路面设计规范》（CJJ169—2012）

《城市道路路基设计规范》（CJJ194—2013）

《城市道路交叉口规划规范》（GB 50647—2011）

《城市道路交通设施设计规范》（GB 50688—2011）

《道路交通标志与标线》（GB5768—2009）

《城市工程管线综合规划规范》（GB50289—2016）

《城市给水工程规划规范》（GB50282—2016）

《城市排水工程规划规范》（GB50318—2017）

《城市通信工程规划规范》（GB/T 50853—2013）

《城镇燃气规划规范》（GB/T 51098—2015）

《城市电力规划规范》（GB/T 50293—2014）

《室外给水设计规范》（GB50013—2006）

《室外排水设计规范》（GB50014—2006）（2016年版）

《城镇给水排水技术规范》（GB50788—2012）

《消防给水及消火栓系统技术规范》（GB50013974—2014）

《城镇燃气设计规范》（GB50028—2006）

《城镇燃气技术规范》（GB50494—2009）

《通信管道与通道工程设计规范》（GB50373—2006）

《供配电系统设计规范》（GB50052—2009）

《电力工程电缆设计规范》（GB50217—2007）

《低压配电设计规范》（GB50054—2011）

《城市环境卫生设施规划规范》（GB50337—2003）

《浙江省小城镇环境综合整治技术指南》

《上海市街道设计导则》（参考）

《义乌市城乡管理技术规定》（2018版）

义乌市相关规划

目 录

第 1 章　道路设施建设指引

1.1
分则

1.1.1 适用范围

本指引适用于义乌中心城区、各乡镇小城镇建设区范围内城市道路设施以及中心城区联系各乡镇的公路市政化改造中所涉及各项道路设施的规划设计和建设管理。

1.1.2 指导思想

优化： 对道路功能进行完善和优化，规范人行、机动车与非机动车交通和停车，做到各行其道、各停其位，保证通行安全与效率。

标化： 对机动车道、非机动车道、人行道、侧石、标线、公交站点等使用功能部分，建立统一的设置标准。

美化： 对铺装、绿化、树池、城市家具等附属设施进行个性化设置，形成独特的风格。

1.1.3 内容构成

本指引将各项道路设施划分为地面、地下、空中三大类，其中地面设施分为线状的机动车道、非机动车道、人行道、绿化带和点状的树池、井盖、公交车站等，地下设施主要是地下管线、综合管廊，空中设施主要是多杆合一。

1.1.4 本分则中带"X"图片意为不提倡样式，带"√"意为推荐样式。

1.2

地面设施

1.2.1　机动车道

1 已建城市道路以及公路路面原则上应"白改黑"。

2 新建道路路面结构原则上采用沥青路面。

1.2.2　交叉口

① 交叉口视距三角范围内不得有任何高出路面1.2m、妨碍驾驶员视线的障碍物。

② 地块及建筑物的机动车出入口不得设置在交叉口范围内。

③ 大型交叉口应设置导流岛或安全岛，以确保行人过街安全，提高道路通行效率。

④ 在满足交通活动功能需求的前提下，可适当缩小道路交叉口转弯半径，节约用地。

交叉口视距不满足

道路开口距交叉口过近

大型交叉口应设置导流岛

1.2.3 非机动车道

1 城市道路宜设置非机动车道，非机动车道的宽度不宜小于1.5m，并保持连续性。

2 非机动车道铺装宜采用整体式材料，比如沥青混凝土、水泥混凝土等。

3 机动车、非机动车混行时，非机动车道应有明确的标识。

4 人行道、非机动车道共板时，非机动车道与人行道之间宜采用材质或涂装颜色进行区分。

机动车、非机动车混行

铺装材料

非机动车道连续性

1.2.4 人行道

1 人行道必须按照无障碍设计规范的有关规定进行设计。

2 现有道路更新改造时，人行道宽度不得小于原宽度。

3 为防止机动车随意驶入人行道，应设置墩柱、绿化带、护栏等设施进行隔离。

人行道单侧宽度推荐值

城市道路等级	人行道单侧宽度（m）
快速路（辅路）	2.5～5.0
主干路	3.0～7.0
次干路	3.0～6.5
支路	2.5～5.0

来源：《城市交通设计导则》（住房城乡建设部）。

机动车停车占用人行道

电线杆立于人行道影响通行

尽量避免人行道高差采用台阶处理，建议用缓坡

无人行道

墩柱隔离

绿化带隔离

护栏隔离

4 人行道面层材料应耐磨、防滑、美观，可选用整体式材料、砖、石材等。

5 用砖板或整体式铺装时宜选用透水性材料。

混凝土预制小方块

砖块铺装

切割岩铺装

石材铺装

透水地坪铺装

整体式材料铺装

6 景观性道路及特色街区人行道铺装材料及颜色搭配应结合周边景观环境特点进行铺装、颜色设计，体现个性化。

材料单一

多种材料组合使用

颜色单调

适当进行美化

雨天湿滑

选用彩色路面

黄土裸露

1.2.5　道路绿带

1　种植乔木的连续绿化带宽度不宜小于1.5m。

2　道路绿化带内不宜裸露泥土。

3　道路绿化带在交叉口、掉头口等位置应满足视距要求。

4　道路两侧边坡不宜裸露泥土或大面积水泥铺装，应进行边坡绿化；边坡绿化应与道路主体工程同步实施。

5　路侧绿带宜结合慢行系统进行设计。

6　道路绿带设计应体现海绵城市理念。

路侧绿带

两侧边坡

1.2.6　侧平石

　　1 侧平石材料宜选用石材。

　　2 侧平石应整齐、美观兼顾耐久性。

　　3 圆弧段侧平石，应结合现场情况采用曲线形成品。

侧平石破损

侧平石材质

圆弧侧石

4 景观性道路或特色街区道路的侧平石宜结合周边景观环境进行个性化设计。

花卉浮雕　　　鸟兽浮雕

工笔花纹　　　兰花浮雕

1.2.7 树池

1 一般人行道行道树的树池高度宜与人行道保持统一标高，为确保通行安全，高出人行道的树池高度应＞0.2m。

2 在确保人行道有效通行宽度≥2m前提下，可采用高于人行道的树池结合休息座椅等设置。

3 对树池表面裸露土壤的情况，要及时进行覆盖处理。处理方式有3种：

（1）采用各类碎石子覆盖；

（2）采用树池箅子遮盖；

（3）采用草皮和花卉装饰。

4 树池可根据道路功能及周边景观环境特色进行个性化设计。

树池若高出地面，树池高度应＞0.2m

1.2.8　无障碍设施

1 人行道两端必须设置坡道，坡道口与车行
道之间齐平。

2 盲道应保持连续。

1.2.9　井盖

1 井盖设施应满足使用功能、承载力、外观和尺寸、材料、标识规范等要求。

2 车行道范围应采用防沉降井盖。

3 人行道、绿化带范围应采用隐形井盖。

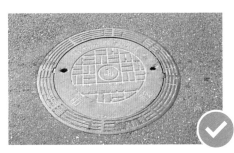

④ 按照道路功能与周边环境可进行个性化设计，单段道路内宜统一美化方式。

⑤ 井盖在美化后必须满足原使用功能及行业标准等方面的要求。

标识型井盖

向导型井盖

井盖涂鸦

1.2.10 标线

1 道路标线应连续，并满足白天、雨天、夜间清晰识别辨认的要求。

2 学校、医院等门前人流量大的人行横道线宜设置彩色、立体的减速标线。

1.2.11 桥下空间

1 高架桥下为连续绿化或停车场桥墩应设置垂直绿化。

2 高架桥两侧有辅道或高架桥下为行车空间，应对梁底及桥墩进行装饰美化。

3 高架桥下有休憩停车空间宜设置夜景灯光。

4 下穿立交的隧道空间宜进行装饰美化。

1.2.12　人行天桥与地道

1 车速快、车流量大、人流量大，易造成交通拥堵，影响行人安全的路段，宜设置立体过街设施。

2 地道宜与地下空间开发结合，人行天桥宜与二层商业相结合。

3 行人立体过街通道应无障碍、全天候，人行地道应亮化。

轮椅升降台

与商业结合

全天候人行天桥

1.2.13　二次过街设施

1 人行横道长度超过16m（不包括非机动车道）应设置二次过街安全岛，宽度不宜小于2m。

2 人行过街安全岛应设置防撞保护岛。

3 人行过街安全岛宽度不够时，人行道可错开设置，并设置安全护栏。

1.2.14　公交车站

1 新建道路宜设置港湾式公交站，改建道路有条件的宜改造为港湾式公交站。

2 公交站应有醒目的标识。

3 站台应完善照明、遮阳、避雨等设施，提供良好舒适的候车环境。

4 公交站宜配置电子信息显示屏。

5 景观性道路或特色街区道路的公交站宜结合周边环境进行个性化设计。

景观性道路公交站

景观性道路公交站

商业区公交站

商业区公交站

生活性道路公交站

生活性道路公交站

1.2.15 强弱电箱柜

1 新规划的配电、变电设施应优先结合建筑设置。

2 在人行道宽度大于3m时，强弱电箱柜可设置于设施带内，且至少保证1.5m以上的人行通道。

3 箱体在满足功能需求的前提下，应进行多箱合一。

4 箱体无法位移的，应就地对箱柜体进行美化。

箱体位置	
宜选位置	应避免的位置
接近路口的马路内侧人行道	道路可能拓宽或维修的马路边
绿化带外侧	餐饮店边
居民区外的围墙边、背风处	偏远平民区
	四周环境恶劣的区域

1.2.16　休憩设施

1 人行道宽度小于3m的道路不宜设置座椅。

2 人行道外侧有绿化控制带的，座椅宜设置在该绿化控制带内。

3 人行道外侧无绿化控制带的，座椅宜设置在设施带内。

4 对商业性、生活性道路可结合树池、水池等设施设置个性化座椅。

座椅设置在设施带内

座椅设置在外侧控制绿带内

座椅靠树池设置

座椅靠花池设置

座椅靠护栏设置

座椅靠水池设置

1.2.17 报刊亭

1 报刊亭设置在人行道范围时，应确保人行道有效通行宽度不小于3m。

2 报刊亭不应占用盲道位置，且不应影响交叉口行车视距。

3 布点选择与公交车停靠站、非机动车停靠站、人行横道等相结合。

报刊亭挤占人行道

报刊亭占用盲道

报刊亭影响交叉口视距

1.3
地下设施

1.3.1   地下管线

1 公路市政化改造应完善地下管网的建设。

2 宜将移动、广电、电信、联通等通信管线放入同一管沟。

3 交通流量大或地下管线密集的道路宜设置综合管廊。

整合前

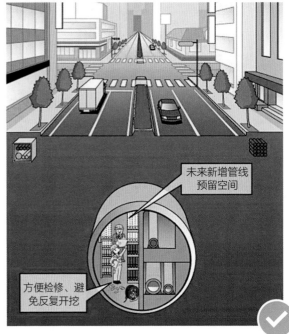

未来新增管线
预留空间

方便检修、避
免反复开挖

整合后

1.4
空中设施

1.4.1　多杆合一

1 多杆合一，减少路面杆牌，提高道路整洁度。

2 原则上道路上只保留路灯杆与交通设施杆（"两杆"），其他标识标牌一律合并到"两杆"上。

3 应避免标志牌被树木等遮挡，保证良好的可视性。

4 新增标志牌宜结合原标志牌整合设置。

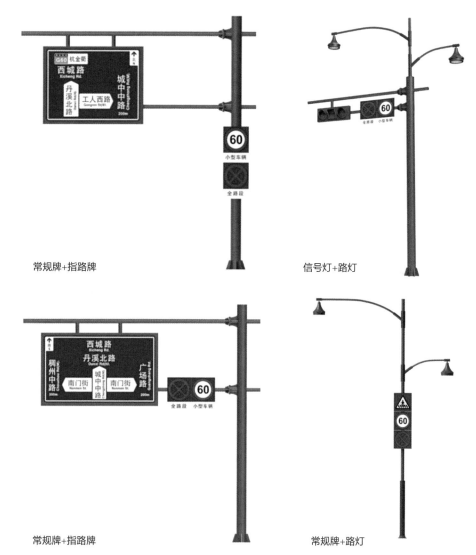

常规牌+指路牌　　　　　　　　　　信号灯+路灯

常规牌+指路牌　　　　　　　　　　常规牌+路灯

1.4.2　架空线

1 在道路沿线电力、通信、广电等单位设置的废弃立杆一律拆除。

2 道路沿线各种架空线缆原则上应全部下地，附墙线缆不能下地的要归拢整齐，隐蔽设置（即明改暗）。

3 有条件的区域依照规划采用管线综合管廊设置。

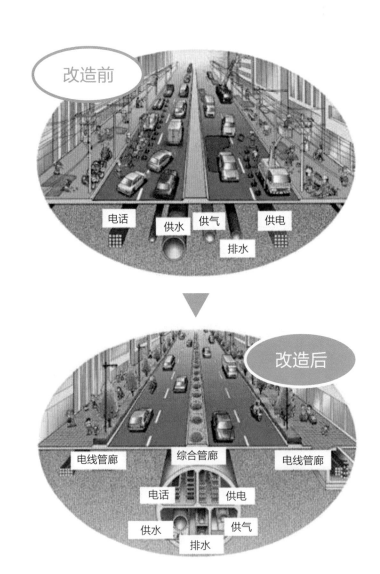

第 2 章 　 基础设施建设指引

2.1

分则

2.1.1　适用范围

本指引适用于义乌市小城镇整治基础设施的建设管理，社区环境建设以及村庄整治也可参考使用。

2.1.2　指导思想

优化生活、生产、出行空间，提升居民生活休憩舒适度，创造和谐优美的居住环境。

2.1.3　内容构成

本指引涵盖的基础设施包括停车设施、环卫设施、管线设施。

2.1.4　建设原则

1　停车设施

社区内停车位配置标准为：0.8～1.2个/户，如达不到此标准，在小区周边就近设停车场。旧改四层半建筑按4户计。

（1）按就近原则寻找近期可实施的空闲地块用于停车时，停车场进出口设置应方便快捷，减少对周边道路的影响。

（2）当房前屋后绿化带宽度大于6m时，可在绿化带内设置停车位。

（3）根据周边停车需求灵活设置路内停车位，允许设置路内停车位的周围道路环境条件以及道路宽度要求可按以下两表控制。

允许设置路内停车位的周围道路环境条件

名称	准许路内停车条件
停车区域限制	半径500m范围无公共停车场，不影响车辆、行人通行，可安全、有序停放机动车辆的区域
特殊地带限制	非城市干道、交通要道；不影响学校、医院、消防队等重点单位车辆进出的街道；非红绿灯交叉口、街道拐角；坡度小于2%
负面效应限制	不影响周边居民生活环境；便于防盗防抢；夜间停车有足够的照明条件；停车场（带）的卫生和秩序有人负责
车位布置方式	以与车道平行布置为主，斜列为铺，不推荐垂直停车位

道路宽度要求

道路类别		路面宽度 B（m）	停车状况
街道	双向道路	$B \geqslant 12m$	允许双侧停车
		$8m \leqslant B < 12m$	允许单侧停车
		$B < 8m$	禁止停车
	单行道路	$B \geqslant 9m$	允许双侧停车
		$6m \leqslant B < 9m$	允许单侧停车
		$B < 6m$	禁止停车
巷弄或断头路		$B \geqslant 9m$	允许双侧停车
		$6m \leqslant B < 9m$	允许单侧停车
		$B < 6m$	禁止停车

2 环卫设施

（1）宜实施垃圾不落地原则。

（2）垃圾箱布设应尽可能分散布设，宜在每栋楼或每个单元出口附近布设小型垃圾桶；垃圾收集点服务半径不宜大于70m。

（3）垃圾桶在造型和材料上应符合审美需求，结合传统元素和现代工艺，将当地文化特色与艺术相融合。同时须耐用，便于清洁，做到垃圾分类。垃圾房造型和材料符合地方特色，做到垃圾分类干净、整洁、美观。

3 管线设施

管线设施包括排水设施、给水设施、通信设施、供电设施。

1）排水设施

（1）排水系统包括污水系统与雨水系统，本书所指的污水主要是生活污水，它来自住宅、公建的厕所、浴室、盥洗室、厨房、食堂和洗衣房等处排出的水。

（2）新建、改建的社区排水系统，应采用污水与雨水分流的排水体制，严禁雨污水管混接。

（3）排水管包括污水管与雨水管。社区雨污水管道布置时，应就地势高差及周边排水管管径、走向等进行统筹安排，分区块就近接入市政道路下的雨污水管内。

（4）污水管穿越河道时采用倒虹管从河底敷设，不得横穿河道。

（5）餐饮的厨房废水必须经隔油池处理含油废水。

（6）建筑物外墙敷设的污水立管、雨水立管应进行明显的标识区分，不宜在建筑物外墙敷设排水横干管。

（7）检查井应安装防坠落装置。排水检查井井盖应做到平整、牢固，井盖上应有雨污区分的标识，井盖的材质、大小及外观应做到统一。

2）给水设施

（1）给水管应至少有两路供水，并在区内形成环状供水，保证供水安全。

（2）给水管网严禁与非生活饮用水连接，严禁与自备水源的管道直接连接，严禁穿过有毒污染物区。通过腐蚀地段的管道应采取安全防护措施。

（3）给水管与污水管或输送有毒液体管道交叉时，给水管道应敷设在上面，且不应接口重叠；当给水管道敷设在下面时，应采用钢管或钢套管。

（4）给水管穿越河道时宜采用河底穿越，不得任意架空、横穿河流，当给水管利用桥梁等构筑物设置专用管位敷设时，需经桥梁管理部门及相关结构设计方的同意，并宜采用暗埋形式。

（5）用户给水水表计量设置位置应统一做法，采用水表井（或水表箱），不得明露在地面或建筑外立面。

（6）给水管在管段最高点应设排气阀，最低点设排泥阀。

（7）市政消火栓的保护半径不应超过150m，且间距不应大于120m。市政消火栓宜采用直径DN150的室外消火栓。

（8）给水管道阀门井井盖应做到平整、牢固，井盖上应有标识，井盖的材质、规格等应统一。

3）通信设施

（1）通信管道包括电信、广电、联通、移动等弱电类管线，四种管线地埋敷设时，宜合并放入同一管沟，采用综合管沟形式；如老小区房前屋后空间有限，通信管可沿建筑外墙布设，应对线路合并规整、合理走线、剪除废线，与建筑相协调。

（2）通信机房一般设于地上建筑，如环境安全或设备工作条件有特殊要求的，也可采用地下或半地下的建筑形式。

（3）交接设备可考虑设于建筑内或采用户外交接箱形式。

（4）社区通信管以管孔形式敷设，检查井采用人孔或手孔。每个小区均设有通信基座（户外交接箱）。

（5）通信基座采用混凝土基础。

4）供电设施

（1）中压开关站原则上以设于建筑内部为主，社区的住户采用10（20）/0.4kV变配电设施，以户内变及室外箱变为主。

（2）社区电力电缆均采用埋地敷设；如小区房前屋后无条件地埋，在确保安全的情况下，力求减少线缆数量，沿建筑外墙敷设，保证电缆整齐、美观，并与建筑相协调。

（3）在有化学腐蚀或杂散电流腐蚀的土壤中，不得采用直接埋地敷设电缆。

（4）埋地敷设的电缆严禁平行敷设于地下管道的正上方或下方。电缆平行或交叉的净距离，应满足相关规范要求。

（5）相关配电箱柜落地安装时均应采用混凝土基础。

（6）通过实时、动态监测用电线路，在电气线路发生故障存在引起电气火灾隐患前自动切断故障线路并告警，在住户存在超负荷用电等危险行为时自动切断用户电源并报警，同时还应提供智能用电管理、防触电保护、家电自动保护、远程控制等功能。

5）天然气设施

（1）社区天然气由市政中压天然气供气，经调压柜转化为低压天然气，供给各用户。

（2）天然气管道不得在堆积易燃、易爆材料和具有腐蚀性液体的场地下面穿越，并不宜与其他管道或电缆同沟敷设。

（3）天然气管道从排水管及其他管道沟槽内穿过时，应将天然气管道敷设于套管内。

（4）调压柜与建筑物水平净距4.0m，距重要公共建筑、一类高层民用建筑水平净距8.0m；调压柜的四周应设置护栏。

（5）天然气管在非机动车道（绿化带及人行道）下最小覆土为0.6m，机动车道下最小覆土为0.9m。

4 架空线路整治

1）整治方式

（1）弱电共杆

鼓励弱电架空（广电、电信等）线缆共杆，原则上弱电不与强电共杆。确需强弱电共杆的，应由各相关部门确认，做好保护措施，线缆交互时要做好绝缘处理，避免相互干扰。电力、电信等相关部门要做好协调工作与线路标识，加强对线路施工人员技术和安全培训，规范施工。

（2）线缆入地

村镇新建主干强弱电线路考虑架空或埋地敷设（直埋或穿保护管），村镇之间线路可考虑架空敷设，有条件可埋地敷设，村镇主要街道宜采用埋地方式，线缆较多可采用电缆排管或电缆沟方式，有条件的乡镇可通过建设地下综合管沟、地下综合管廊等办法，集中敷设电力、通信、广播电视、给水等市政管线。

（3）沿墙敷设

有条件的地区在充分协调居民意愿的基础上，可探索线路沿墙敷设方式，最大程度降低敷设的协调成本，实现就近入户。

2）入户线整治标准

（1）管道入户线

重点区域需进行入户管道建设，确保入户整洁美观，其他区域可酌情进行入户管道建设。管道内入户线应贴边固定，绑扎整齐，不得零乱散放。

（2）架空入户线

重点区域无架空入户飞线，其他区域尽可能减少或者缩短入户飞线；对临街杂乱无章、破旧残损、存有安全隐患却又无法拆除的架空线，重新更换并规范设置，对散乱零星的线路进行集中疏理、捆扎、贴墙处理、排列整齐、固定牢固，确保美观大方。架空"盘留"线缆应在杆边采用支架盘放整齐，光缆接头盒应固定牢固。

（3）外墙入户线

外墙上入户线，应尽可能远离街道、路边，采用横平竖直予以固定，有条件区域单元楼可加装塑料管或线槽；布放在街道、路边的入户线，应尽可能采取美化措施。

2.1.5　本分则中带"X"图片意为不提倡样式，带"√"意为推荐样式。

2.2
停车设施

2.2.1　非机动车停靠区

1 生活性、商业性道路主要公共活动空间需配置非机动车停靠区，另外，交通换乘点周边、居住区内部宜设置非机动车停靠区。

2 非机动车停靠区应设置在道路的设施带内或路侧控制绿化带内，不应压缩人行道的有效行人通行宽度，同时还不应占用盲道位置。

2.2.2 机动车停车位

1️⃣ 可在道路两侧设置停车位。

2️⃣ 可在房前屋后道路开辟停车位。

机动车停车位设计

分类	推荐样式	允许样式	不推荐样式
样式图例	平行式 ✓	斜列式 ◐	垂直式 ✗
尺寸图	2.5 / 6	4.24 / 6 / 2.5 / 45°	6 / 2.5
适用性	目前应用最多，对道路路幅要求最低，但进出相对麻烦，对机动车流影响较大	对于路幅较宽的道路鼓励采用斜列式（30°、45°、60°），"顺进倒出"方式30°较顺，对于"倒进顺出"则差不多	不推荐采用垂直式

2.3
环卫设施

2.3.1　垃圾箱

1 城镇道路沿线两侧应在人行道设施带内设置垃圾箱。

2 公交站、交叉口、人行通道口等处应设置垃圾箱。

3 垃圾箱宜与广告牌等其他设施一体化设置。

4 生活区周边宜增加箱体分类数量。

5 生活区垃圾箱布设位置应固定且收集方便。

6 垃圾箱宜进行美化，与周边环境协调。

7 商业性、生活性、景观性道路宜对垃圾箱进行个性化设计。

生活区垃圾箱

一体化垃圾箱

增加垃圾箱分类数量

美化垃圾箱

个性化垃圾箱

个性化垃圾箱

2.3.2　垃圾房（点、站）

1 垃圾房（点、站）宜相对封闭。

2 垃圾房（点、站）应进行垃圾分类设置。

3 垃圾房（点、站）可进行美化与个性化，与周边环境协调。

2.3.3　公厕

1 女厕位与男侧位比例不应小于3∶2，人流量较大地区为2∶1。

2 公共厕所外观与周边环境协调。

3 在城镇繁华地段，按每平方千米配建5～6座；城镇主干路、主要商业街按间距300～500m配建，一般道路按间距800m左右配建，主要分布在城镇道路的两侧。

2.4

管线设施

2.4.1　给水排水管

1 小区采用雨污分流制：从建筑源头进行雨污分流，建筑立管设成雨水立管、污水立管。

2 对建筑立管分别标识，在立管上标出"雨""污"字。

3 应将所有的污水、废水接入污水管，不允许将洗手槽等废水接入雨水口。

雨污水未分流

立管标识不清晰

污、废水接到雨水口

给水排水管道做法示例

给水管道敷设做法示例	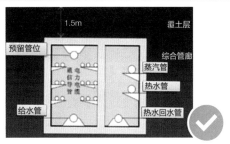 综合管沟做法示意	 禁止给水管横穿河道
排水管道做法示例	 禁止大量横支管外墙敷设，禁止横干管在外墙转弯敷设	 污水管道禁止在穿雨水渠内敷设
	 污水管道禁止在河道内敷设	 排水管道禁止横穿河道敷设

2.4.2　架空线

1　小区架空线原则上都要求落地，道路及房前屋后均采用地埋，地埋采用综合管沟形式。

2　如因小区房前屋后地下空间有限，供电、通信管线方可沿建筑外墙敷设入户，在建筑外墙分别经引上管穿墙入楼道内，在楼梯口集中引入各楼层，并保持建筑外观整洁美观。

2.4.3　检查井

1　检查井的位置，应设在管道交会处、转弯处、管径或坡度改变处、跌水处及直线管段上每隔一定距离处。

2　排水检查井应安装防坠落装置。

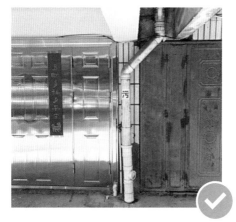

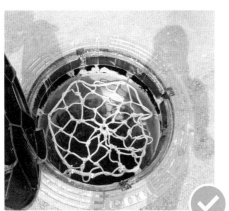

2.4.4 消火栓

1 市政消火栓距路边不宜小于0.5m，并不应大于2m。

2 市政消火栓距建筑外墙或外墙边缘不宜小于5m。

3 市政消火栓应采用防盗防撞智能型消火栓。

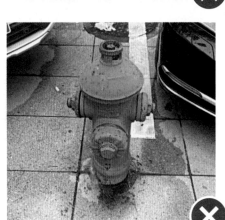

2.4.5　调压柜、配电柜、通信基座

1 天然气调压柜、供电配电柜、通信基座宜设在绿化带内。

2 对通信基座进行多箱合一。

3 对柜或基座外表面进行涂鸦，美化小区环境。

第 3 章　民房建设指引

3.1

分则

3.1.1　民房建设原则

一区一风格；一线有协调；线上有亮点。

3.1.2　民房建设理念

尊重自然，顺应自然，天人合一。

3.1.3　民房建设一般规定

1　空间形态

从区域整体的空间格局维护和景观风貌营造的角度出发，通过视线通廊、对景点等视线分析的控制手法，协调好小城镇与周边山林、水体、农田等重要自然景观资源之间的关系，形成有机交融的空间关系。民房设计应根据地形地貌和小城镇历史文化特征，灵活采用带状、团块状或散点状空间形态。民房设计应尊重和协调小城镇的原有肌理和格局，保持小城镇风貌的整体性和地域特色。

2　外观设计

民房外观设计应提取、继承地方居民原有构筑方式所反映出的屋顶形式、山墙特征、立面构成肌理、色彩运用等要素，使之体现传统特色。屋顶宜选用瓦屋面，以坡屋顶为主，平坡结合。在建筑造型上应合理运用材料、结构以及工艺手法，展现因地制宜、朴实自然的风格。主要构件如宅门、内隔扇、漏窗、梁架节点、基础、勾栏等，可适当运用地方传统特色装饰。三层以上原则上不加马头墙。

3　建筑材料

民房立面装饰材料应耐久牢固，宜创新利用传统材料，抽象表达传统符号。装饰构件宜与结构功能结合，不宜过分外贴虚假的装饰构件，避免奢侈浪费。在修复、加固、整治、改造中，应保护小城镇建筑风貌的完整性。应采用当地材料，避免简单使用水泥等现代新型材料，确实需要用水泥的，可使用与原来色彩和质感接近的涂料等。严禁在非粉刷墙的石块、石板上粉刷涂料。原抹灰墙原则上以抹灰为主。

4　色彩控制

所有新建、改建、扩建的民房，色彩必须与小城镇内历史区块或特定的代表性建筑群色彩风格相协调，不宜采用大面积纯色。

3.1.4　建筑重要构件设计

1　宅门

宅门宜结合当地的自然条件、生活习俗并参考当地居民的建筑形制灵活设置,在宅基地允许的情况下宜设置独立宅门;宅门造型应参考当地居民造型,宜根据使用需求适当简化;宅门色彩应与建筑主体色彩以及整体环境相协调。

2　墙

承重墙材料宜采用地方传统形式的石墙、砖墙等。非承重墙材料宜采用地方传统形式的木板、石板、编竹、土坯等,应与主体结构进行可靠连接。

3　柱梁

柱梁露出建筑外表面时,其外饰面色彩应与墙体色彩相协调,并与建筑整体相协调。

4　屋顶

屋顶形式应根据当地传统建筑特征,以及实际的生产生活需要选用适宜的屋顶形式,可选用平屋顶、坡屋顶或平坡结合的屋顶形式;屋面色彩和材料宜参考当地传统建筑的基本规律,与整体环境和传统风貌协调一致。

5　门窗

门窗色彩应遵从当地传统住宅的基本规律。门窗框宜进行色彩喷涂处理,门窗玻璃外侧、内侧或双层玻璃之间宜根据需求适当设置窗套、窗花等传统装饰。

6　装饰构件

民房宜根据当地小城镇传统住宅和文化习俗进行装饰设计,以体现传统特色,与整体建筑风格相协调;建筑装饰部位宜设置在建筑主体和宅门的屋脊、山花、檐口、洞口层、门头、勒脚等部位;建筑装饰类型宜选择彩绘、雕刻等,在不影响整体风貌情况下可适当选用现代装饰材料;建筑装饰材料宜选择木、石、砖、金属等,材料之间应有可靠的构造措施,并与整体建筑风格相协调。

3.2
民房改造

3.2.1 徽派民居

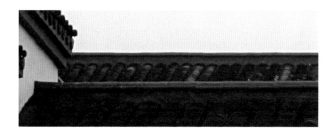

屋脊
立瓦平脊，中央向两侧，按照传统式样重新处理

墙面
还原传统民居的墙面材质

屋面
屋面瓦片采用传统小青瓦屋面

踢脚
采用仿青砖涂料，300宽做旧

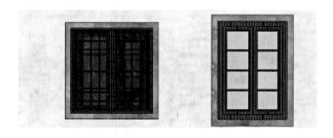

窗户
采用木质，材料做旧，100宽窗边框

门
采用木质，材料做旧，原木门及木格栅门

墙面修补

古建筑现有的墙面具有强烈的历史感，极具保留价值，故而对古建筑类建筑保留原有墙面，仅对破损地方采取按照周边肌理修复的方式处理。

现状有历史保留价值墙面

坡屋顶改换小青瓦屋顶

现状老房子屋顶为坡屋顶，质量较差，规划将现状屋顶统一换成小青瓦屋顶，并增加雨槽及檐檩。

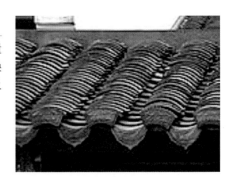

门窗替换

古建筑破损的门窗，对建筑本身风貌有较大影响，故而对这些不协调的门窗应予以改换，按照已有的木质门窗的样式进行替换。

门窗替换选型

现状破损门窗

文化元素

在古建筑修缮的基础上提取农家特色老物件，如陶罐、竹篮、灯笼等作为马畈民居的记忆，将其作为墙面装饰及屋内室外家具，增加古建筑古朴韵味。

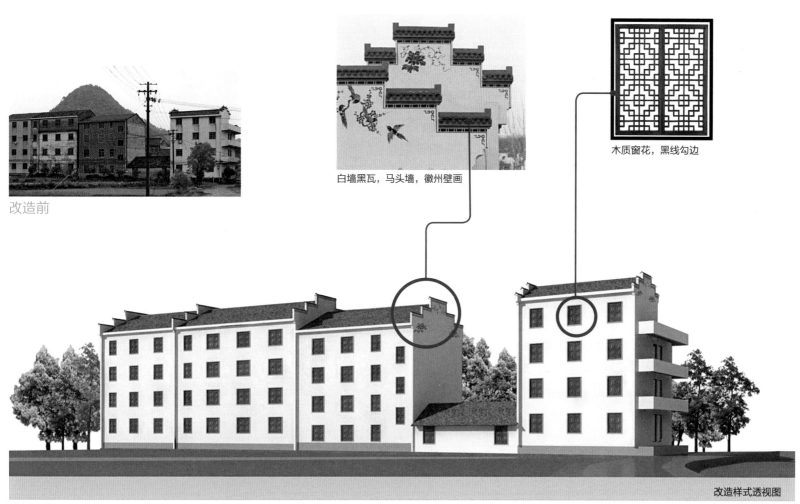

改造前

白墙黑瓦，马头墙，徽州壁画

木质窗花，黑线勾边

改造样式透视图

改造后

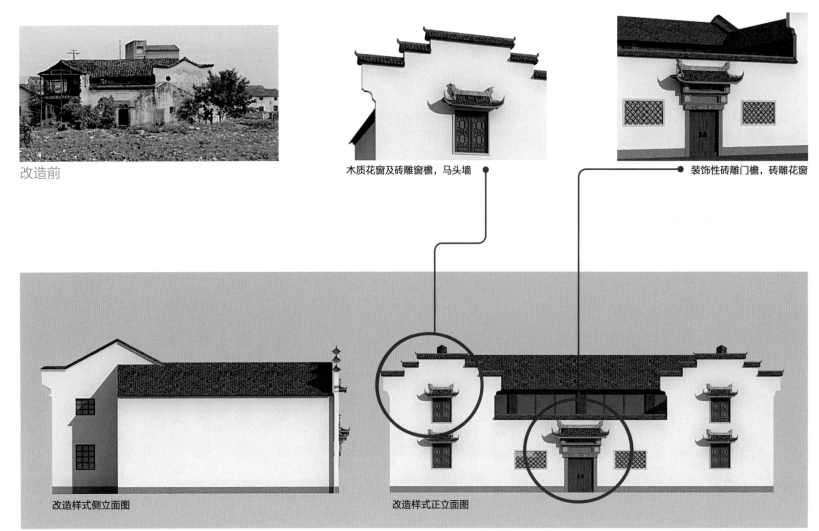

改造前

木质花窗及砖雕窗檐，马头墙

装饰性砖雕门檐，砖雕花窗

改造样式侧立面图

改造样式正立面图

改造后

3.2.2 浙派民居

建筑立面的形式采用修旧如旧的方式，尽量减少对原有建筑的破坏，对原有彩绘进行修复。在大门处加入装饰门头，形成立面重点。同时，改造建筑内部院落，丰富建筑庭院空间。

现状图

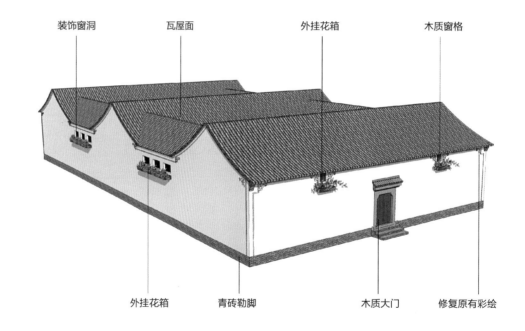

透视图

装饰窗洞　　瓦屋面　　外挂花箱　　木质窗格

外挂花箱　　青砖勒脚　　木质大门　　修复原有彩绘

一般改造建筑的措施主要包括：将原有墙面统一为白色抹灰墙面，并用青砖勒脚；改造建筑栏杆，在原有栏杆上加外挂花箱；将原有门窗统一换为灰色窗框，同时增加雨披等元素。

现状图

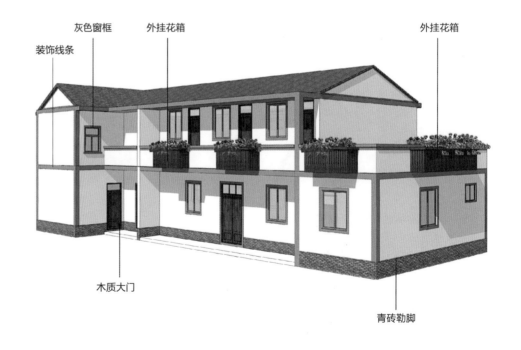

透视图

马头墙

青砖

入口马头墙

装饰花盆

玫瑰种植槽

当地石材勒脚

透视图

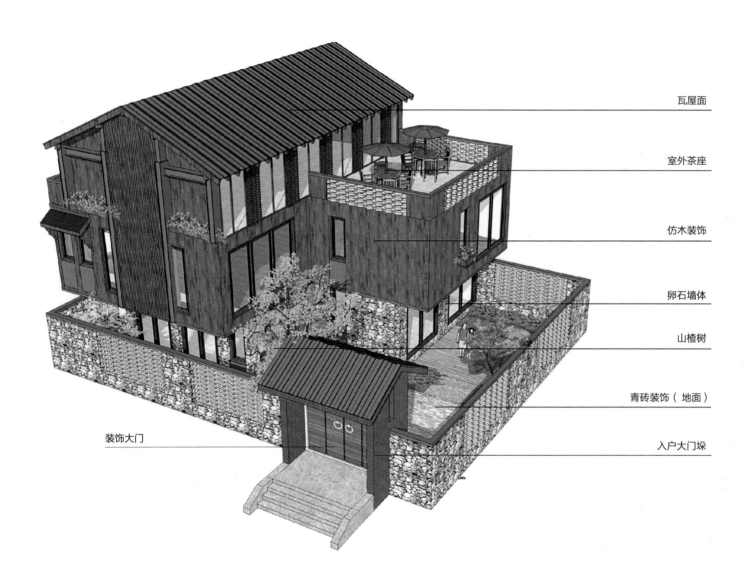

瓦屋面

室外茶座

仿木装饰

卵石墙体

山楂树

青砖装饰（地面）

装饰大门

入户大门垛

改造前

改造后

改造方式

主房房顶坡顶采用黑色瓦片，木压边。建筑表面粉刷成白色。底层加装青砖护墙，增设木栏杆，窗户外框加装木制边框。

改造前

改造后

改造方式

房顶坡顶采用黑色瓦片，木压边。墙体刷白，增加圆窗和镂空装饰，底层加装青砖护墙，窗户外框加装木制边框。

改造前

改造后

改造方式

房顶坡顶采用黑色瓦片，木压边。墙体刷白，增加圆窗，底层加装青砖护墙，窗户外框加装木制边框或加装挑檐。

改造前

改造后

改造方式

房顶坡顶采用黑色瓦片，木压边。墙体刷白，增加圆窗，出挑部分贴灰色砖，窗户外框加装木制边框，装置木制门口。

改造前

改造后

改造前

改造后

　　古村落建筑改造基本以保护和修缮为主，其立面改造尊重原有建筑形态，适当修复破旧立面，粉刷并勾勒墙线和门窗线，以展现其真正朴实民居风格。

整治前

整治后

整治前

整治后

立面改造前

立面改造后

3.2.3　现代民居

- 屋顶：深色瓦片，木构压边
- 窗户：浅蓝色玻璃，木制边框，挂放花箱
- 墙体：统一白墙面，部分用灰色砖贴面
- 门口：木制门口，装饰石制花钵
- 台阶：原斜坡改成仿古台阶

- 屋顶：深色瓦片，木构压边
- 窗户：浅蓝色玻璃，木制边框留白处点缀木制装饰框
- 门口：木制门口，用石砌花坛遮挡
- 台阶：原斜坡改成仿古台阶

　　将建筑墙面统一为白色抹灰，利用建筑的错层空间，加入马头墙等造型元素，丰富建筑立面；改造现状不锈钢栏杆，结合白墙压顶和外挂花箱形成建筑的趣味空间；将现状的红砖围墙改造为开敞式的卵石围墙；在入口大门处加入雨披等立面元素。

现状图

瓦屋面

马头墙

户外阳伞

灰色窗框

外挂花箱

装饰大门

入口大门

卵石围墙

透视图

在现状屋顶露台加入马头墙，丰富建筑立面；改造现状水泥栏杆，将其改为白墙瓦顶形式，同时加入外挂花箱等造型元素；在现状窗下加入装饰阳台，阳台上可布置花卉盆栽；在大的玻璃窗下加一层仿木漆装饰。

现状图

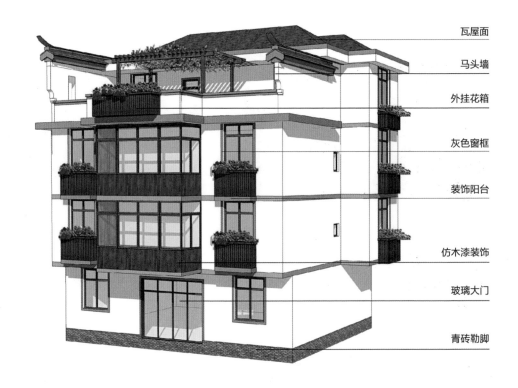

瓦屋面

马头墙

外挂花箱

灰色窗框

装饰阳台

仿木漆装饰

玻璃大门

青砖勒脚

透视图

降低现状围墙高度，将封闭围墙改造为自然、开放式围墙；对建筑庭院进行改造，设置廊架、秋千座椅、月季种植池等，营造浪漫、自然氛围；在现状门窗和栏杆中加入外挂花箱，营造乡土、浪漫氛围；将现状平顶改为坡顶，统一建筑风格。

现状图

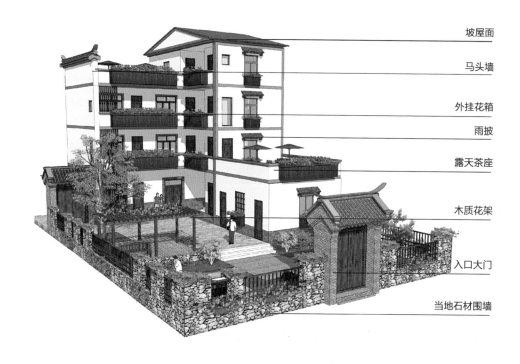

坡屋面

马头墙

外挂花箱

雨披

露天茶座

木质花架

入口大门

当地石材围墙

透视图

将现状建筑前菜地改造为庭院，设置入口大门、玫瑰花池、特色秋千、陶罐花瓶等营造浪漫氛围；在建筑屋顶加入高低不同的马头墙和木质花架，丰富建筑立面；改造现状水泥栏杆，加入仿木条装饰；将现状墙面改为白墙，同时用青砖勒脚。

现状图

花架　　特色栏杆　　仿木格栅　　　　　　马头墙

当地石材围墙　　　木质栏杆　　　　特色大门　　雨披

透视图

72m²A户型效果图

108m²A户型效果图

90m²A户型效果图

140m²A户型效果图

54m²B户型效果图

90m²B户型效果图

108m²B户型效果图

126m²B户型效果图

140m²B户型效果图

108m²C户型效果图

126m²C户型效果图

140m²C户型效果图

第 4 章　庭院建设指引

4.1
分则

4.1.1 定义与分类

1 庭院的概念

庭院是房屋前后用墙或栅栏围起来的空间，是以小城镇景观美化，提供居民生活休闲的场所。

2 庭院的功能

庭院提供居民活动休憩场所，同时方便采光、通风、雨水排泄，满足居民日常生活、生产需求，为居民营造宁静、安全、私密的生活环境。

4.1.2 建设原则

1 美观大方

建设美丽庭院首先要做到小城镇道路整洁干净，建筑清爽大方，拆除违章搭建、违章设施，房前屋后打扫清爽、柴木瓦罐摆放整齐。

2 因地制宜

依据义乌市不同区块的本底状况及文化底蕴等，来决定庭院的建设风格样式。

3 本土原则

坚持四本主义：本土材料、本土工艺、本土匠人、本土植物。

4 量力而行

确定合适的范围以及景观元素，提倡经济性做法，避免贪大求全。

5 适度统一

一个区块的庭院建设的样式不应过多，控制在 1～3 种之内，以保持庭院样式的协调统一。

4.1.3   内容构成

    居民住宅院落应布局合理、使用安全、环境卫生、交通组织顺畅，在地形条件允许的情况下采用合院布局方式，灵活选择庭院形式，丰富院墙设计，考虑用车的停放，创造自然、舒适的院落空间。庭院包括院墙、地面、植物、小品、其他等五要素。

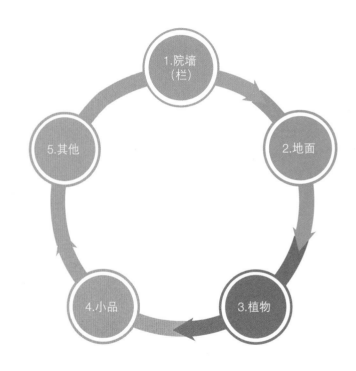

庭院构成五要素

4.2
院墙（栏）

4.2.1　建设要点

1 庭院可用围墙、围栏作为空间围护设施。

2 围墙（栏）高度应控制在0.6~1.5m之间（局部可根据设计突破规定范围）。

3 围墙（栏）应具有一定的通透性，高度超过1.2m的围墙通透率应大于40%，1.2m以下的围墙通透率应大于20%。

4 结合义乌小城镇实际情况，适合义乌庭院围护设施的材料有砖、卵石、毛石、瓦片、土墙、篱笆、铁艺等。

4.2.2　围墙做法

天然毛石、一顺一丁式砌法、梅花丁式砌法、顺砖砌法、条石砌、天然薄石片砌、燧石砌等，如下图所示。

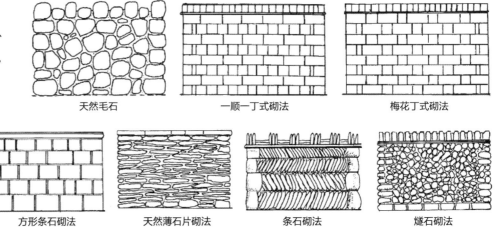

天然毛石　　　　　一顺一丁式砌法　　　　　梅花丁式砌法

顺砖砌法　　　长方形毛石砌法　　　方形条石砌法　　　天然薄石片砌法　　　条石砌法　　　燧石砌法

4.2.3　围栏做法

垂直密缝木板围栏、横条柱式围栏、高木围栏、矮木围栏、花格围栏、金属围栏等、编织条围栏，如下图所示。

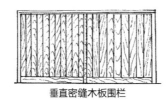

垂直密缝木板围栏

横条柱式围栏

高木围栏

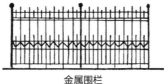

矮木围栏　　　　编织木板围栏　　　　金属围栏　　　　花格围栏　　　　编织条围栏

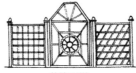

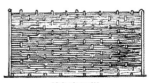

4.2.4　毛石样式

4.2.5 砖样式

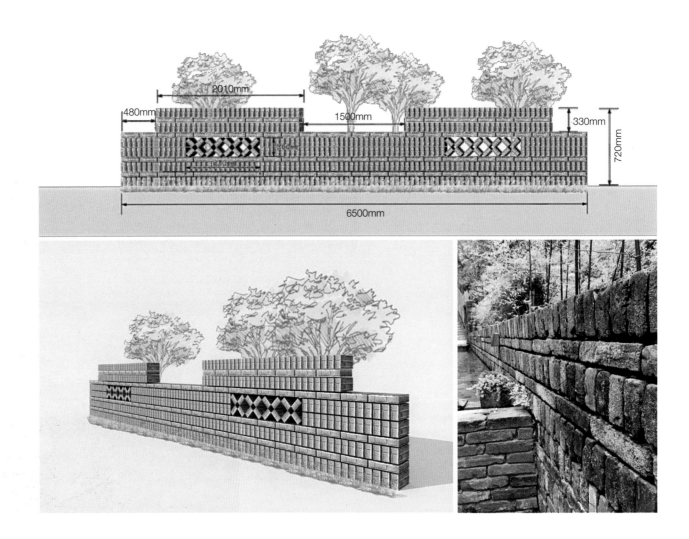

4.2.6　组合样式

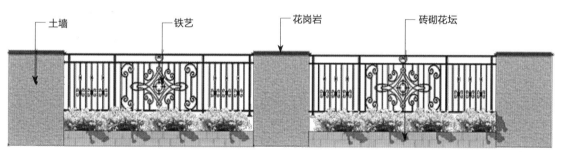

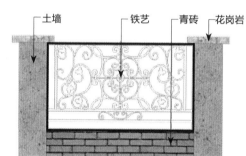

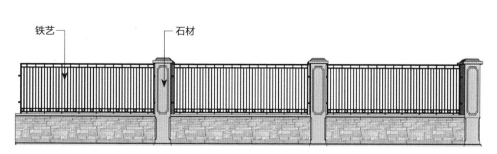

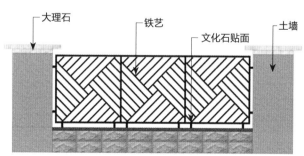

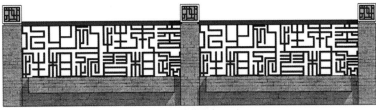

砖、铁艺组合

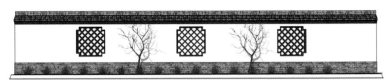

砖、木组合

砖、木、铁艺组合

混凝土、木、铁艺组合

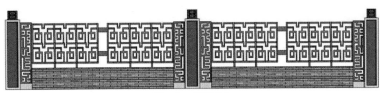

砖、木、铁艺组合

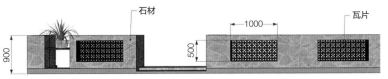

石、瓦组合

砖、混凝土组合

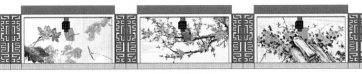

砖、铁艺组合

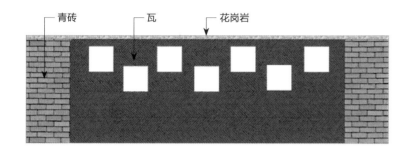

青砖　瓦　花岗岩

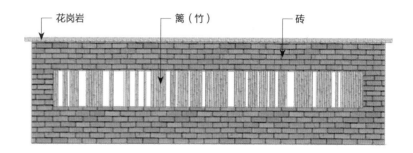

花岗岩　篱（竹）　砖

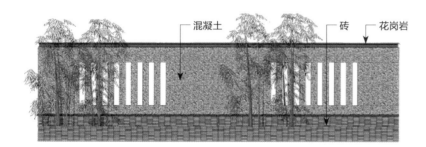

混凝土　砖　花岗岩

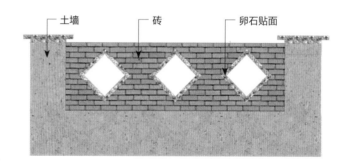

土墙　砖　卵石贴面

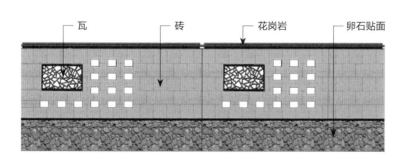

瓦　砖　花岗岩　卵石贴面

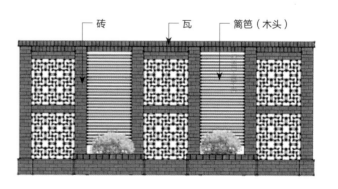

砖　瓦　篱笆（木头）

土墙　　篱笆（木头）　　砖　　花岗岩

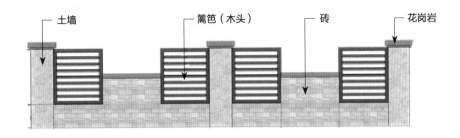

篱笆（木头）　　花岗岩　　木头

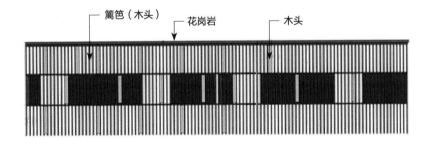

篱笆（木头）　　铁艺

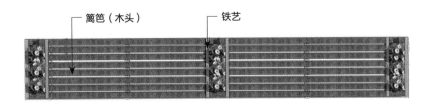

篱笆（木头）　　混凝土　　砖砌花坛

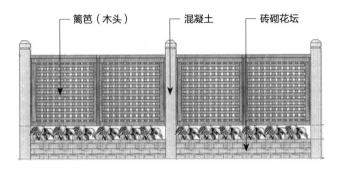

砖　　篱笆（木头）

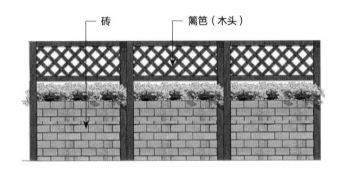

篱（木）　　土墙

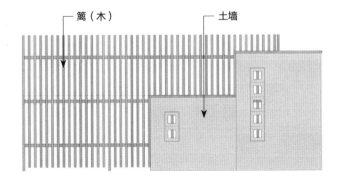

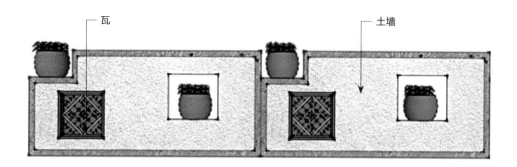

瓦　　　　　　　　　　　　　　　　　土墙

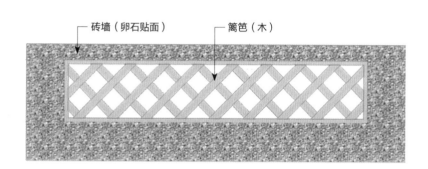

砖墙（卵石贴面）　　　　　篱笆（木）

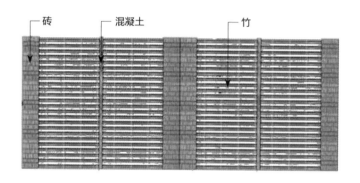

砖　　　混凝土　　　　　　　竹

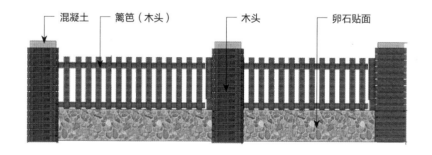

混凝土　篱笆（木头）　　　木头　　　卵石贴面

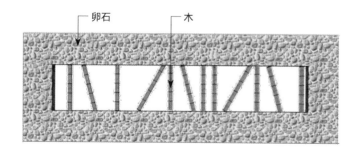

卵石　　　　木

4.3
地面

地面分为硬地和软地两大部分：

1 硬地是地面硬面化处理的部分，如台阶、铺地、小径等，提供人们的活动操作场地。

2 软地是以植被覆盖的地面，包括菜地、草地等。

4.3.1　建设要点

1 软硬地应结合布置。面积≤30m²的庭院，其软地占比宜大于15%；面积>30m²的庭院，其软地占比宜大于30%。

2 宜设置一定比例的土地来满足村民种植瓜果蔬菜的需要。

4.3.2 硬质地面材料选择

老砖

瓦片

卵石

石板

砂石

4.3.3　院落花坛

4.3.4   庭院菜地

4.4

植物

建设要求

1 多采用本土植物种植美化；

2 自然随意；

3 表现四季色彩变化；

4 小于30m²的庭院宜多选择藤本和草本植物。

果木类										
杨梅	葡萄	柿树	石榴	柚子	樱桃	无花果	枣树	杏树	橘	桃树

杨梅 　　　　　　　　橘 　　　　　　　　柿树 　　　　　　　　石榴

葡萄 　　　　　　　　枣树 　　　　　　　　樱桃 　　　　　　　　无花果

灌木类									
茶树	栀子花	含笑	红花檵木	南天竹	百慕大	含笑	杜鹃花	石楠	雀舌黄杨	枸骨

茶树

红叶石楠

红花檵木

杜鹃花

雀舌黄杨

栀子花

含笑

南天竹

乔木类、竹类										
桂树	腊梅	罗汉松	红枫	海棠	紫薇	鸡爪槭	玉兰	木芙蓉	紫荆	竹

桂树　　　　　　腊梅　　　　　　罗汉松　　　　　　红枫

海棠　　　　　　紫荆　　　　　　孝顺竹　　　　　　刚竹

花卉类										
萱草	凤仙花	蜀葵	菊花	石蒜	三色堇	仙客来	马兰花	兰花	一串红	夏枯草

萱草　　　　　　　　　凤仙花　　　　　　　　　蜀葵　　　　　　　　　月季

锦葵　　　　　　　　　石蒜　　　　　　　　　鸢尾花　　　　　　　　　一串红

爬藤类									
凌霄	金银花	紫藤	五角花	藤本月季	木香花	爬山虎	藤本月季	常春藤	络石

凌霄　　　　　　　　　金银花　　　　　　　　　爬山虎　　　　　　　　　五角花

藤本月季　　　　　　　紫藤花　　　　　　　　　常春藤　　　　　　　　　络石

蔬菜瓜果类

木耳菜	丝瓜	南瓜	葫芦	秋葵	辣椒	青菜	黄瓜	芹菜	葱	花生	玉米

木耳菜　　　　　　　丝瓜　　　　　　　南瓜　　　　　　　秋葵

葫芦　　　　　　　辣椒　　　　　　　青菜　　　　　　　黄瓜

4.5

小品

景观小品是景观中的点睛之笔，一般体量较小、色彩单纯，对空间起点缀作用，是庭院环境中不可缺少的组成要素。

建设要点：

1 本土元素；

2 旧物利用；

3 个性特色；

4 生态自然；

5 文化归宿。

猪槽	石臼	柴禾	木桩
花箱绿化	陶罐	廊架	铁艺
竹	磨	金属	缸 石板

玻璃瓶   破罐   陶罐

轮胎   单车   滚桶   雨鞋

水井

石臼

石钵

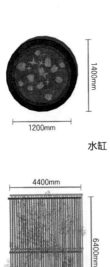

1200mm
1400mm

水缸

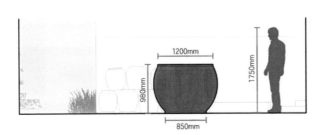

1200mm
980mm
850mm
1750mm

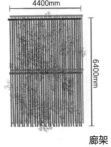

4400mm
6400mm

廊架

6400mm
3400mm
1750mm

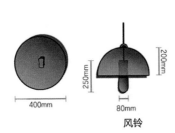

400mm
250mm
200mm
80mm

风铃

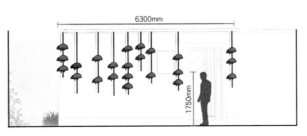

6300mm
1750mm

4.6
其他

庭院除了观赏功能，还应有生活、生产等其他的一些功能，如停车、晾晒、纳凉等。

停车

晾晒

晾晒

纳凉

第 5 章　空间环境建设指引

5.1
分则

5.1.1 空间环境设计理念

　　以人为本、生态优先，兼顾经济性和景观效果，突出义乌小城镇特色风貌，建设人与自然和谐的生态家园。

5.1.2 空间环境设计原则

1 延续原有小城镇风貌并提炼发扬特色；

2 兼顾经济与美观，节能环保；

3 优先使用乡土材料及旧材料的更新利用。

5.2
水环境整治

1 水环境治理应保证生产、生活及防灾用水需要。

2 严禁采用填埋方式废弃、占用坑塘河道。

3 应加强坑塘河道的水环境保护，防治水环境污染，改善水质。

4 坑塘河道沿岸及桥梁必要时应设置护栏，以确保安全并丰富、美化景观。

5.2.1　河道

5.2.2 水体环境修复

1 严禁非法采砂，应恢复和保持水体的自然连通。

2 对于已破坏的自然溪岸，必须修复岸线原样，重塑水体自然曲折之美。

3 对于已硬质化的人工驳坎，可沿河增加自然水生植被加以柔化，强化河道生物多样性。

水体环境修复允许做法

分类	推荐样式	允许样式	禁止样式
自然溪岸	生态岸线（纯自然）	人工岸线（公园）	破坏岸线
人工驳坎	水中增绿	岸上增绿	河道硬质化

5.2.3 护岸——木桩驳岸

湿生植物覆盖外露的松木桩

常水位

70cm

200cm

松木桩+松木板，露出水位5~10cm

护岸木桩

φ12~φ18cm

5.2.4 护岸——沙滩卵石驳岸

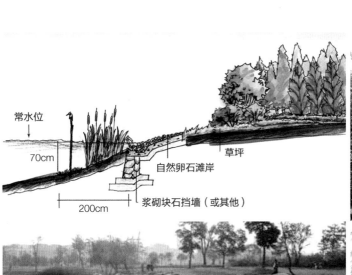

常水位
70cm
200cm
自然卵石滩岸
草坪
浆砌块石挡墙（或其他）

5.2.5　护岸——硬质驳岸

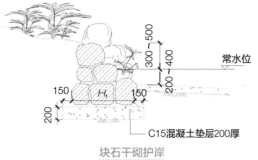

块石干砌护岸

5.2.6 净水植物

大聚草

花叶芦竹

花叶美人蕉

黄菖蒲

伞草

睡莲

梭鱼草

香菇草

紫芋

5.2.7   埠头

5.2.8　海绵城镇

海绵城镇建设应遵循生态优先等原则，将自然途径与人工措施相结合，在确保城镇排水防涝安全的前提下，最大限度地实现雨水在城镇区域的积存、渗透和净化，促进雨水资源的利用和生态环境保护。建设"海绵城镇"并不是推倒重来，取代传统的排水系统，而是对传统排水系统的一种"减负"和补充，最大程度地发挥城市本身的作用。在海绵城镇建设过程中，应统筹自然降水、地表水和地下水的系统性，协调给水、排水等水循环利用各环节，并考虑其复杂性和长期性。

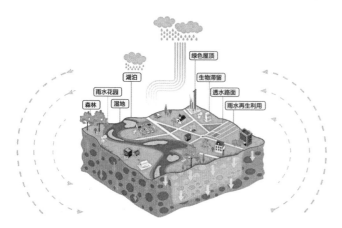

5.2.9   污水处理

　　现状居民区餐饮、饭店的污水直排进入市政排水管网，整治后污水经隔油池处理后，再排入市政污水管网；工业区厂房通过截污纳管工程，将污水排入市政管网，并通过污水处理厂，再行排放。

5.3
绿化环境提升

5.3.1　绿化行动

◻ **植树增绿、见缝插绿、拆违补绿、拆墙透绿行动**

1 植树增绿

（1）在小城镇出入口、广场、主干道、河道等区域，针对原有绿量少、景观效果不佳的现状，通过绿化改造，增植树木，增加绿量。

（2）植树增绿应以本土树种为主，适当引进适合当地环境的外来树种。

（3）树种选择应符合地域特色和自然条件，严禁使用造型树种以及名贵树种。

（4）种植方式应以自然式种植为主，严禁使用模纹色块。

植树增绿做法

分类	主干道	河道	小城镇出入口	广场	树种选择
推荐样式	绿地较宽，自然式种植	绿地较宽的滨河公园，自然式种植	城镇形象文化表达	空间多元化组合	提倡使用本土树木
允许样式	绿地较窄，排列式种植	绿地较窄，排列式种植	绿地较窄，小尺度种植	广场与绿化组合	适当引进适合场地环境的外来树种
不提倡样式	不提倡过于城市化或规则化种植	不提倡过于城市化或规则化种植	不提倡过于城市化、大雕塑、大膜纹色带	不提倡大广场、大雕塑、大喷泉	严禁使用造型树种、名贵树种

2 见缝插绿

（1）对附属绿地进行增绿补绿，适宜绿化的空地宜全部进行绿化，地面绿化空间较小的，采取立体绿化方式增绿补绿。

（2）不影响场地原有使用功能，不破坏原有植被生态系统。

（3）加植的绿化应与原有绿地相协调，不突兀。

（4）建筑周边加植应以高大落叶树为主，不影响原有建筑的采光。

分类	推荐样式	允许样式
建筑周边	房前屋后见缝插绿	不影响原有功能的插绿
立体绿化	多重复合，常绿+落叶	单一爬藤

3 拆违补绿

（1）拆违补绿一般是对小城镇中的违章建筑或违章用地拆除后进行绿化改造提升，一般面积不大，与周边建筑关系紧密，应以改建小游园为主，服务于周边居民。

（2）允许以单一绿化种植方式或者林荫小广场进行复绿。

（3）禁止以单一的广场或建筑的方式进行复原。

分类要求	推荐样式	允许样式	不提倡样式
改造意向	街头绿地	封闭绿地	不提倡全部草坪

4 拆墙透绿

（1）拆除沿街封闭围墙，改造成透空式栏杆或栅栏式花墙，推动绿地资源共享。

（2）围墙拆除后应对背后景观不好的绿地做改造提升。

（3）允许部分围墙保留并做改造提升。

（4）严禁拆除景观较好或具有历史性、文化性的围墙。

分类	推荐样式	允许样式	禁止样式
退化林地	透空式花墙	铁艺+文化石	厂区护栏
荒山荒坡	新中式	仿古式	不提倡封闭式围墙

5.3.2　道路绿化

1 以乡土树种为主。

2 彩叶树种与绿叶树种结合：

主要推荐彩叶树：银杏、枫香、榉树、无患子、黄山栾树、乌桕、水杉、鸡爪槭等。

主要推荐常绿树：香樟、乐昌含笑、香泡、杜英、广玉兰等。

3 道路改造规划中应尽量保留原有树木特别是胸径10cm以上的乔木。

道路绿化的树种

区域	常见乡土树种	慎用树种
浙南地区	**乔木树种：** 小叶榕、香樟、华盛顿棕、榕树、杜英、乐昌含笑、桂花、银杏、榉树、无患子、落羽杉、水杉等。 **灌木与地被：** 杜鹃、桂花、三角梅、红叶石楠、小叶栀子、红花茶梅、金丝桃、洒金珊瑚、南天竹、云南黄馨、大花萱草、玉簪、鸢尾、美人蕉、虎耳草、大吴风草等	
其他地区	**乔木树种：** 香樟、杜英、乐昌含笑、桂花、银杏、榉树、无患子、合欢、黄山栾树、沙朴、枫香、重阳木、乌桕、江南恺木、香椿、垂柳、水杉等。 **灌木与地被：** 金森女贞、红叶石楠、红花檵木、金边黄杨、春鹃、小叶栀子、红花茶梅、狭叶十大功劳、金丝桃、洒金珊瑚、南天竹、云南黄馨、中华常春藤、小叶扶芳藤、花叶蔓长春、吉祥草、书带草、大花萱草、玉簪、鸢尾、美人蕉、虎耳草、大吴风草等	榕树，小叶榕，华盛顿棕等

5.3.3 街头绿地

1 避免街头广场出现单调的大面积硬化铺装，不得被地面停车占用，不得设置实体围墙沿道路围挡。

2 可采用乔木加铺装的形式进行绿化，以便形成林下的城市活动。

3 宜穿插使用绿地、种植池、栽植冠大荫浓的乔木，增加绿量。

4 集中成片绿地应为开放式绿地，且应不小于广场总面积的25%。

5 可结合街头广场在地下做停车场、人防等。

5.3.4 绿道建设

◻ 建设城乡绿道网

1 有机融合与功能

（1）城乡绿道网的建设，须因地制宜，重点研究与山海风光、田园风情、名胜古迹、历史街区、传统村落、文化景点等的关系，从小城镇自身特质出发，做好功能和风貌的有机融合。

（2）城乡绿道网的建设，应重点结合小城镇绿色空间的整治，形成以带动城乡休闲旅游、形成产业链条的绿道功能线路。

绿道建设样式

分类	推荐样式	允许样式
有机融合	融合山水风光	与周边关系融合
有机融合	融合田园风情	融合山水关系
绿道功能	带动城乡旅游	带动产业链条

2 推广应用适用性环保技术

（1）小城镇绿道建设，应因地制宜，绿道材料宜选用生态环保的材料，推荐使用透水沥青（素色）、透水混凝土（素色）、石材、木材等，允许使用彩色沥青、彩色混凝土等材料，色彩需与环境协调。

（2）小城镇绿道、慢行道，可采用废弃橡胶地砖、自发光标线材料等新型材料和环保技术，绿廊可建设为海绵绿地。

3 发挥绿道的区域生态廊道功能

（1）小城镇绿道宜结合城镇现有生态空间，在保护生态的基础上通过串联景点景区的方式，构建绿道空间。

（2）小城镇绿道的建设，应注重绿色空间与休闲空间的融合，生态结合功能。

（3）小城镇绿道的建设，应注重与城市绿道的衔接，形成城乡联系的整体，发挥区域生态廊道功能。

绿道建设材料

分类	推荐样式	允许样式
绿道材料	透水沥青混凝土 ✓	透水砖、木材 〇

4 路面铺装及两侧绿道

1）绿道路面铺装应采用环保生态、渗水性强的当地自然
材料；

2）绿道两侧古木古树、珍稀植物应全部保留，并适当增
加植被乔木。

绿道 分类	步行道	自行车道	步行骑行综合道
城镇型 绿道	单独设置不宜小于2m	单向通行不小于1.5m， 双向通行不小于3m	不建议设置
郊野型 绿道	不小于1.5m，改造步 行道结合现状条件， 原则上不宜拓宽	2～3m，结合用地条 件尽量满足两辆自行 车的错车需求	不小于3m

5.3.5 公园绿化

1 按照公园的面积大小可以将公园分为：邻里性小型公园（面积2公顷以下）、地区性小型公园（面积在2～20公顷之间）、都市性大型公园（面积20～100公顷之间）、河滨带状型公园（面积5～30公顷之间）等；

2 按照不同的设置机能公园可以分为：生态绿地系统、防灾绿地系统、景观绿地系统、游憩绿地系统等；

3 按照公园的不同机能、位置、使用对象可以分为：自然公园、区域公园、综合公园、河滨公园、邻里公园。

5.3.6　森林公园

宜结合生态公益林提质和松材线虫病防治，进行彩色健康森林建设，主要措施如下：

1 对于树间距过密的公益林，可进行疏伐抚育，保证植物健康生长所需空间。

2 对于树种杂乱的公益林，可进行景观改造，提升植物群落的可观赏性。

3 对于以常绿阔叶林为主的公益林，可补植阔叶林或采叶林，增强季相景观。

健康森林建设

分类	推荐样式		不提倡样式
植物群落	空间有序	色彩搭配	林木杂乱
彩叶造林	常绿与阔叶林混交（3：7）	增加少量的彩叶林	单一树种

5.4
背街小巷提升

背街小巷提升主要方式：拆除、整治、新改建等。

整治对象：路面小巷、河道水体、对内对外庭院空间等方面。

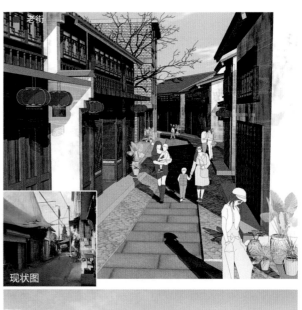

1 对外道路两侧庭院空间：

道路尺度相对较大，院墙高度相对自由，宜控制在0.9～1.5m之间。庭院植物可以适当种植较高的乔木。

2 对内村巷系统庭院空间：

街巷尺度较小，院墙高度应结合道路尺度来控制，宜在0.6～1.5m之间。同时讲究景观通透性，避免空间闭塞。庭院植物可以丰富化，可采用墙面绿化。

5.4.1　对外道路两侧庭院空间

民房外立面整修

房前地坪整理
增加户外设施
行道树树池空间扩大

行道树下增加开花地被

院落改造
木栅栏搭配开花灌木

5.4.2　对内村巷系统庭院空间

底楼采用与建筑一致的围栏围合，搭配草花与修竹，形成宜人空间

清理古槐树下空间，用毛石挡墙围合，与周边景观一致

利用毛石挡墙形成围合空间，室外与半室外空间可供人休息

道路空间整理，材质采用老旧石板

改造前

整理巷道
通往建筑节点

增加植栽、软化
建筑墙面

改造后

庭院之间的联系
小路两侧景观可
以提升院落空间
之间的协调性。